# This Log Contains Some of My Contributions to Mankind...

AF807816

Log Book: #________________

Continued From:________________

Name:________________

Date:________________

# Table of Creations

# Table of Creations

# Table of Creations

# Table of Creations

Invention:

Inventor:

Contact Info:

Additional Inventors/Contributors/ Contact Info:

Description of Invention:

Designed by:

Conception Date:

Patent Application Date:

Patent Type:

Provisional Patent Date:

Patent Issue Date:

Patent Number:

Who is this designed for?

Why was it designed?

How will this improve their life or lifestyle?

How/Where will it be distributed?

What is the total cost equipment/time etc.?

What is my budget ?

Expected Prototype Release Date:

______________________________

Deadlines/Etc.

______________________________

______________________________

______________________________

Equipment

| | |
|---|---|
| ____________ | ____________ |
| ____________ | ____________ |
| ____________ | ____________ |
| ____________ | ____________ |
| ____________ | ____________ |
| ____________ | ____________ |

Resources/Suppliers

| | |
|---|---|
| ____________ | ____________ |
| ____________ | ____________ |
| ____________ | ____________ |

Invention Witnessed & Understood By:

Witness Sign: x ______________________ Date ________

Witness Sign: x ______________________ Date ________

Other Information:

Revisions/Adjustments:

Future Plans/Ideas/Improvements

Production Notes Info:

Invention Record of Conception

**Title:** ______________________________

**Purpose:**

______________________________

______________________________

______________________________

______________________________

______________________________

**Invented by:** ______________________ **Date:** ________

**Witnessed by:** ______________________ **Date:** ________

# Invention Record of Conception

**Drawing:**

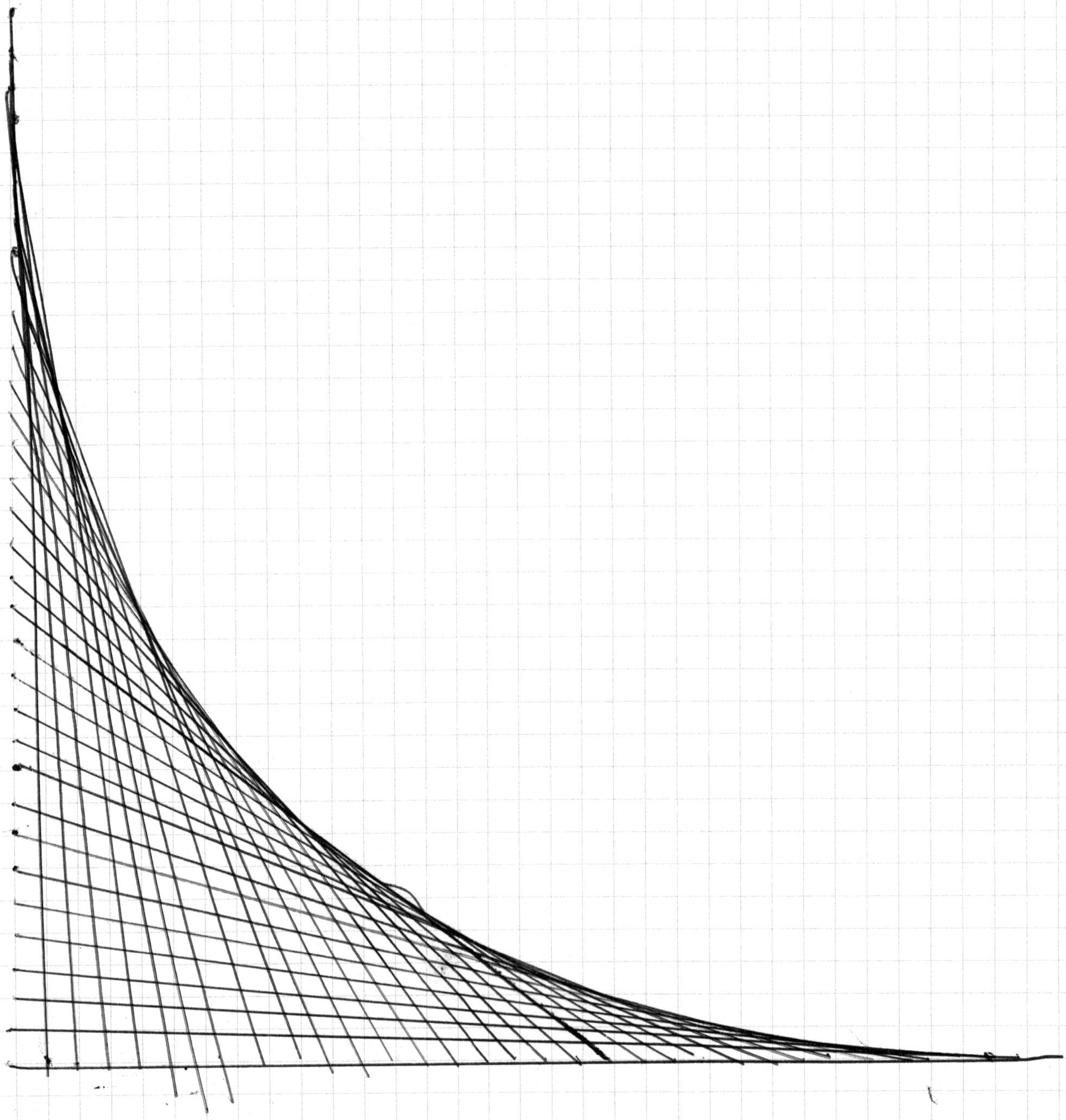

**Invented by:** ______________________ **Date:** ________

**Invented by:** ______________________ **Date:** ________

**Witnessed by:** ______________________ **Date:** ________

______________________ **Date:** ________

# Prototype

Name: ______________________ Date: ____________

Witness ______________________ Date: ____________

# Test

Launch Date____________________

______________________________

Name: ____________________

Date: ____________________

Witness: ____________________

Date: ____________________

Invention:

Inventor:

Contact Info:

Additional Inventors/Contributors/
Contact Info:

Description of Invention:

Designed by:

Conception Date:

Patent Application Date:

Patent Type:

Provisional Patent Date:

Patent Issue Date:

Patent Number:

Who is this designed for?

Why was it designed?

How will this improve their life or lifestyle?

How/Where will it be distributed?

What is the total cost equipment/time etc.?

What is my budget ?

Expected Prototype Release Date:

________________________________________

Deadlines/Etc.

Equipment

Resources/Suppliers

Invention Witnessed & Understood By:

Witness Sign: x Date

Witness Sign: x Date

Other Information:

Revisions/Adjustments:

Future Plans/Ideas/Improvements

Production Notes Info:

# Invention Record of Conception

**Title:** ______________________________

**Purpose:**

______________________________

______________________________

______________________________

______________________________

______________________________

**Invented by:** ______________________ **Date:** ________

**Witnessed by:** ______________________ **Date:** ________

# Invention Record of Conception

**Drawing:**

**Invented by:** ______________________________ **Date:** ________

**Invented by:** ______________________________ **Date:** ________

**Witnessed by:** ______________________________ **Date:** ________

______________________________ **Date:** ________

# Prototype

Name: ______________________ Date: ___________

Witness ______________________ Date: ___________

# Test

Launch Date ____________________

______________________________________________

Name: ____________________

Date: ____________________

Witness: ____________________

Date: ____________________

Invention:

Inventor:

Contact Info:

Additional Inventors/Contributors/
Contact Info:

Description of Invention:

Designed by:

Conception Date:

Patent Application Date:

Patent Type:

Provisional Patent Date:

Patent Issue Date:

Patent Number:

Who is this designed for?

Why was it designed?

How will this improve their life or lifestyle?

How/Where will it be distributed?

What is the total cost equipment/time etc.?

What is my budget ?

Expected Prototype Release Date:

______________________________

Deadlines/Etc.

______________________________

______________________________

______________________________

Equipment

______________ ______________

______________ ______________

______________ ______________

______________ ______________

______________ ______________

______________ ______________

Resources/Suppliers

______________ ______________

______________ ______________

______________ ______________

Invention Witnessed & Understood By:

Witness Sign: x ______________ Date ______

Witness Sign: x ______________ Date ______

Other Information:

Revisions/Adjustments:

Future Plans/Ideas/Improvements

Production Notes Info:

# Invention Record of Conception

**Title:** ________________________________________

**Purpose:**

________________________________________

________________________________________

________________________________________

________________________________________

________________________________________

**Invented by:** ______________________ **Date:** ________

**Witnessed by:** ______________________ **Date:** ________

# Invention Record of Conception

**Drawing:**

**Invented by:** ______________________________ **Date:** ________

**Invented by:** ______________________________ **Date:** ________

**Witnessed by:** ______________________________ **Date:** ________

______________________________ **Date:** ________

# Prototype

Name: ____________________ Date: __________

Witness ____________________ Date: __________

# Test

Launch Date____________________________

______________________________________________________

Name: ____________________

Date: ____________________

Witness: ____________________

Date: ____________________

Invention:

Inventor:

Contact Info:

Additional Inventors/Contributors/
Contact Info:

Description of Invention:

Designed by:

Conception Date:

Patent Application Date:

Patent Type:

Provisional Patent Date:

Patent Issue Date:

Patent Number:

Who is this designed for?

Why was it designed?

How will this improve their life or lifestyle?

How/Where will it be distributed?

What is the total cost equipment/time etc.?

What is my budget ?

Expected Prototype Release Date:

______________________________

Deadlines/Etc.

______________________________

______________________________

______________________________

Equipment

______________ ______________

______________ ______________

______________ ______________

______________ ______________

______________ ______________

______________ ______________

Resources/Suppliers

______________ ______________

______________ ______________

______________ ______________

Invention Witnessed & Understood By:

Witness Sign: x ______________ Date ______

Witness Sign: x ______________ Date ______

Other Information:

Revisions/Adjustments:

Future Plans/Ideas/Improvements

Production Notes Info:

# Invention Record of Conception

**Title:** ______________________________

**Purpose:**

______________________________

______________________________

______________________________

______________________________

______________________________

**Invented by:** ______________________ **Date:** ________

**Witnessed by:** ______________________ **Date:** ________

# Invention Record of Conception

**Drawing:**

**Invented by:** ______________________________ **Date:** ________

**Invented by:** ______________________________ **Date:** ________

**Witnessed by:** ______________________________ **Date:** ________

______________________________ **Date:** ________

# Prototype

Name: ______________________ Date: __________

Witness ______________________ Date: __________

# Test

Launch Date____________________

______________________________________________

Name: ____________________

Date: ____________________

Witness: ____________________

Date: ____________________

Invention:

Inventor:

Contact Info:

Additional Inventors/Contributors/
Contact Info:

Description of Invention:

Designed by:

Conception Date:

Patent Application Date:

Patent Type:

Provisional Patent Date:

Patent Issue Date:

Patent Number:

Who is this designed for?

Why was it designed?

How will this improve their life or lifestyle?

How/Where will it be distributed?

What is the total cost equipment/time etc.?

What is my budget ?

Expected Prototype Release Date:

Deadlines/Etc.

Equipment

Resources/Suppliers

Invention Witnessed & Understood By:

Witness Sign: x Date

Witness Sign: x Date

Other Information:

Revisions/Adjustments:

Future Plans/Ideas/Improvements

Production Notes Info:

# Invention Record of Conception

**Title:** ______________________________

**Purpose:**

______________________________

______________________________

______________________________

______________________________

______________________________

**Invented by:** ______________________ **Date:** ________

**Witnessed by:** ______________________ **Date:** ________

# Invention Record of Conception

**Drawing:**

**Invented by:** ______________________________ **Date:** ________

**Invented by:** ______________________________ **Date:** ________

**Witnessed by:** ______________________________ **Date:** ________

______________________________ **Date:** ________

# Prototype

Name: ______________________________ Date: _______________

Witness ______________________________ Date: _______________

# Test

Launch Date__________________________

Name: ________________________

Date: ________________________

Witness: ________________________

Date: ________________________

Invention:

Inventor:

Contact Info:

Additional Inventors/Contributors/
Contact Info:

Description of Invention:

Designed by:

Conception Date:

Patent Application Date:

Patent Type:

Provisional Patent Date:

Patent Issue Date:

Patent Number:

Who is this designed for?

Why was it designed?

How will this improve their life or lifestyle?

How/Where will it be distributed?

What is the total cost equipment/time etc.?

What is my budget ?

Expected Prototype Release Date:

______________________________________________

Deadlines/Etc.

______________________________________________

______________________________________________

______________________________________________

Equipment

____________________ ____________________

____________________ ____________________

____________________ ____________________

____________________ ____________________

____________________ ____________________

____________________ ____________________

Resources/Suppliers

____________________ ____________________

____________________ ____________________

____________________ ____________________

Invention Witnessed & Understood By:

Witness Sign: x ______________________ Date ________

Witness Sign: x ______________________ Date ________

Other Information:

Revisions/Adjustments:

Future Plans/Ideas/Improvements

Production Notes Info:

# Invention Record of Conception

**Title:** ______________________________

**Purpose:**

______________________________

______________________________

______________________________

______________________________

______________________________

**Invented by:** ______________________ **Date:** ________

**Witnessed by:** ______________________ **Date:** ________

# Invention Record of Conception

**Drawing:**

**Invented by:** ______________________________ **Date:** ________

**Invented by:** ______________________________ **Date:** ________

**Witnessed by:** ______________________________ **Date:** ________

______________________________ **Date:** ________

# Prototype

Name: ______________________ Date: ___________

Witness ______________________ Date: ___________

# Test

Launch Date ______________________

______________________________________________

Name: ______________________

Date: ______________________

Witness: ______________________

Date: ______________________

Invention:

Inventor:

Contact Info:

Additional Inventors/Contributors/
Contact Info:

Description of Invention:

Designed by:

Conception Date:

Patent Application Date:

Patent Type:

Provisional Patent Date:

Patent Issue Date:

Patent Number:

Who is this designed for?

Why was it designed?

How will this improve their life or lifestyle?

How/Where will it be distributed?

What is the total cost equipment/time etc.?

What is my budget ?

Expected Prototype Release Date:

______________________________________________

Deadlines/Etc.

______________________________________________

______________________________________________

______________________________________________

Equipment

____________________ ____________________

____________________ ____________________

____________________ ____________________

____________________ ____________________

____________________ ____________________

____________________ ____________________

Resources/Suppliers

____________________ ____________________

____________________ ____________________

____________________ ____________________

Invention Witnessed & Understood By:

Witness Sign: x ______________________ Date ________

Witness Sign: x ______________________ Date ________

Other Information:

Revisions/Adjustments:

Future Plans/Ideas/Improvements

Production Notes Info:

Invention Record of Conception

**Title:** ____________________________________________

**Purpose:**

____________________________________________

____________________________________________

____________________________________________

____________________________________________

____________________________________________

**Invented by:** ______________________________ **Date:** ________

**Witnessed by:** ______________________________ **Date:** ________

# Invention Record of Conception

**Drawing:**

**Invented by:** ______________________________ **Date:** ________

**Invented by:** ______________________________ **Date:** ________

**Witnessed by:** ______________________________ **Date:** ________

______________________________ **Date:** ________

# Prototype

Name: ______________________ Date: __________

Witness ______________________ Date: __________

# Test

Launch Date________________________

Name:________________________

Date:________________________

Witness:________________________

Date:________________________

Invention:

Inventor:

Contact Info:

Additional Inventors/Contributors/
Contact Info:

Description of Invention:

Designed by:

Conception Date:

Patent Application Date:

Patent Type:

Provisional Patent Date:

Patent Issue Date:

Patent Number:

Who is this designed for?

Why was it designed?

How will this improve their life or lifestyle?

How/Where will it be distributed?

What is the total cost equipment/time etc.?

What is my budget ?

Expected Prototype Release Date:

______________________________________________

Deadlines/Etc.

______________________________________________

______________________________________________

______________________________________________

Equipment

____________________ ____________________

____________________ ____________________

____________________ ____________________

____________________ ____________________

____________________ ____________________

____________________ ____________________

Resources/Suppliers

____________________ ____________________

____________________ ____________________

____________________ ____________________

Invention Witnessed & Understood By:

Witness Sign: x ______________________ Date ________

Witness Sign: x ______________________ Date ________

Other Information:

Revisions/Adjustments:

Future Plans/Ideas/Improvements

Production Notes Info:

Invention Record of Conception

**Title:** ______________________________

**Purpose:**

______________________________

______________________________

______________________________

______________________________

______________________________

**Invented by:** ______________________ **Date:** ________

**Witnessed by:** ______________________ **Date:** ________

# Invention Record of Conception

**Drawing:**

**Invented by:** ______________________________ **Date:** ________

**Invented by:** ______________________________ **Date:** ________

**Witnessed by:** ______________________________ **Date:** ________

______________________________ **Date:** ________

# Prototype

Name: ______________________ Date: __________

Witness ______________________ Date: __________

# Test

Launch Date____________________

______________________________________________

Name:____________________

Date:____________________

Witness:____________________

Date:____________________

Invention:

Inventor:

Contact Info:

Additional Inventors/Contributors/
Contact Info:

Description of Invention:

Designed by:

Conception Date:

Patent Application Date:

Patent Type:

Provisional Patent Date:

Patent Issue Date:

Patent Number:

Who is this designed for?

Why was it designed?

How will this improve their life or lifestyle?

How/Where will it be distributed?

What is the total cost equipment/time etc.?

What is my budget ?

Expected Prototype Release Date:

Deadlines/Etc.

Equipment

Resources/Suppliers

Invention Witnessed & Understood By:

Witness Sign: x Date

Witness Sign: x Date

Other Information:

Revisions/Adjustments:

Future Plans/Ideas/Improvements

Production Notes Info:

Invention Record of Conception

**Title:** ______________________________

**Purpose:**

______________________________

______________________________

______________________________

______________________________

______________________________

**Invented by:** ______________________ **Date:** ________

**Witnessed by:** ______________________ **Date:** ________

# Invention Record of Conception

**Drawing:**

**Invented by:** ______________________________ **Date:** ________

**Invented by:** ______________________________ **Date:** ________

**Witnessed by:** ______________________________ **Date:** ________

______________________________ **Date:** ________

# Prototype

Name: ______________________ Date: __________

Witness ______________________ Date: __________

# Test

Launch Date________________________

________________________________________________________

Name:________________________

Date:________________________

Witness:________________________

Date:________________________

Invention:

Inventor:

Contact Info:

Additional Inventors/Contributors/
Contact Info:

Description of Invention:

Designed by:

Conception Date:

Patent Application Date:

Patent Type:

Provisional Patent Date:

Patent Issue Date:

Patent Number:

Who is this designed for?

Why was it designed?

How will this improve their life or lifestyle?

How/Where will it be distributed?

What is the total cost equipment/time etc.?

What is my budget ?

Expected Prototype Release Date:

Deadlines/Etc.

Equipment

Resources/Suppliers

Invention Witnessed & Understood By:

Witness Sign: x Date

Witness Sign: x Date

Other Information:

Revisions/Adjustments:

Future Plans/Ideas/Improvements

Production Notes Info:

Invention Record of Conception

**Title:** ______________________________

**Purpose:**

______________________________

______________________________

______________________________

______________________________

______________________________

**Invented by:** ______________________ **Date:** ________

**Witnessed by:** ______________________ **Date:** ________

# Invention Record of Conception

**Drawing:**

**Invented by:** ______________________________ **Date:** ________

**Invented by:** ______________________________ **Date:** ________

**Witnessed by:** ______________________________ **Date:** ________

______________________________ **Date:** ________

# Prototype

Name: ______________________ Date: __________

Witness ______________________ Date: __________

# Test

Launch Date________________________

______________________________________________

Name:________________________

Date:________________________

Witness:________________________

Date:________________________

Invention:

Inventor:

Contact Info:

Additional Inventors/Contributors/
Contact Info:

Description of Invention:

Designed by:

Conception Date:

Patent Application Date:

Patent Type:

Provisional Patent Date:

Patent Issue Date:

Patent Number:

Who is this designed for?

Why was it designed?

How will this improve their life or lifestyle?

How/Where will it be distributed?

What is the total cost equipment/time etc.?

What is my budget ?

Expected Prototype Release Date:

Deadlines/Etc.

Equipment

Resources/Suppliers

Invention Witnessed & Understood By:

Witness Sign: x Date

Witness Sign: x Date

Other Information:

Revisions/Adjustments:

Future Plans/Ideas/Improvements

Production Notes Info:

# Invention Record of Conception

**Title:** ______________________________

**Purpose:**

______________________________

______________________________

______________________________

______________________________

______________________________

**Invented by:** ______________________ **Date:** ________

**Witnessed by:** ______________________ **Date:** ________

# Invention Record of Conception

**Drawing:**

**Invented by:** ______________________________ **Date:** ________

**Invented by:** ______________________________ **Date:** ________

**Witnessed by:** ______________________________ **Date:** ________

______________________________ **Date:** ________

# Prototype

Name: ______________________ Date: __________

Witness ______________________ Date: __________

# Test

Launch Date________________________

______________________________________________

Name:________________________

Date:________________________

Witness:________________________

Date:________________________

Log Book: #________________

Continued From:________________

Name:________________

Date:________________

Made in the USA
Coppell, TX
04 November 2022

85763764R00059